JN240799

消えゆく動物たちが教えてくれたこと

ユーゴ・クレマン 作　冨山真鶴 訳

ヴィンセント・ラヴァレック 構成
ドミニク・メルモー 絵

花伝社

目次

COHABITER

※ 共生

「我々人間が向き合うべき試練（...）とは、
人間に翻弄される動物たちとの関係についてである」

ミラン・クンデラ

Chap. 1

新たな世界大戦

今、我々は新たな世界大戦に直面している。

環境を汚染する産業は、経済の名の下に環境を保護する法律の撤廃を求めて水面下で働きかけている。政府は、気候変動の原因となる化石燃料に莫大な予算を投じている。工場は昼夜問わず稼働し、集約畜産と漁業産業は、致命的な間違いを犯し続けている。各国の温室効果ガス排出削減目標も疑問視されている。お先真っ暗だ。

それでも希望はある。

角を曲がった近所でも、地球の反対側でも、毎日、新しい朝が来る。世界中の人々が、まだ救えるものに手を差しのべ、新しい世界を築くために立ち上がっている。地球は我々にとって居住可能な惑星であり続けるだろうか?

この疑問こそが、我々が共に闘うべき新たな世界大戦の命題だ。

2020 年 1 月 3 日の金曜日、
午後 2 時 24 分、娘が生まれた

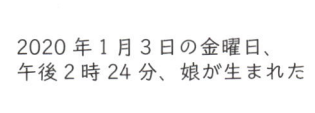

ほら見て、
ウィンク
した！

娘の人生は
愛に溢れ、
穏やかに
始まった

一方で、2100 年
には我々が知って
いる世界はもはや
存在しないかも
しれない

環境破壊によって、地球は人類にとって
居住不可能な惑星になるかもしれない

しかし、
遅すぎる
ということ
はない

娘のため、そして
未来の子どもたちの
ために、我々は闘う
ことができる

私は動物たちの状況を知ったことがきっかけで、環境問題に興味を持つようになった

特にサーカスでの動物虐待について調べるにつれ、人間の行いがいかに非道か気づいた

もちろん、子どもの頃はサーカスが大好きだった。しかし、その裏で何が行われているのかは全く知らなかった

象のペイビーは、サーカスのショーのため一生の大半をトラックの中で過ごし、現在はチュニジアの動物園で暮らしている

あるトラックの荷台に乗ったキリンは、輸送中、飼い主の不注意で歩道橋に激突した

CRAC!

クマのミーシャは喜ぶ観客のために踊り続け、やがて動かなくなった

アンドレ＝ジョゼフ・ブグリオーネは、フランスのサーカス一家の跡取りで、元々動物の調教師だったが、動物との共演を止める決断をした

たとえ、私たちに動物を虐待する意図がなかったとしても、動物を監禁していることに変わりはなく、それは良好な関係とはいえないと思ったんです

この事実に気づいてからというもの、動物との共演を続けることはできませんでした

※　1960 年代にアメリカで放送された、イルカショーがテーマのドラマ番組。

環境問題に関心を持つように
なって、私はこの絵のような
イメージを心に抱くように
なった

関心を持ち始めた
当初は、こんな大きな
家はイメージできて
いなかった…

…それぞれのレンガが
我々人間を取り巻く
多様な生物たちで、
人間がその中に住んで
いるイメージ…

今、この家はなんとか形を保っているが、
これもいつまで持つだろうか？

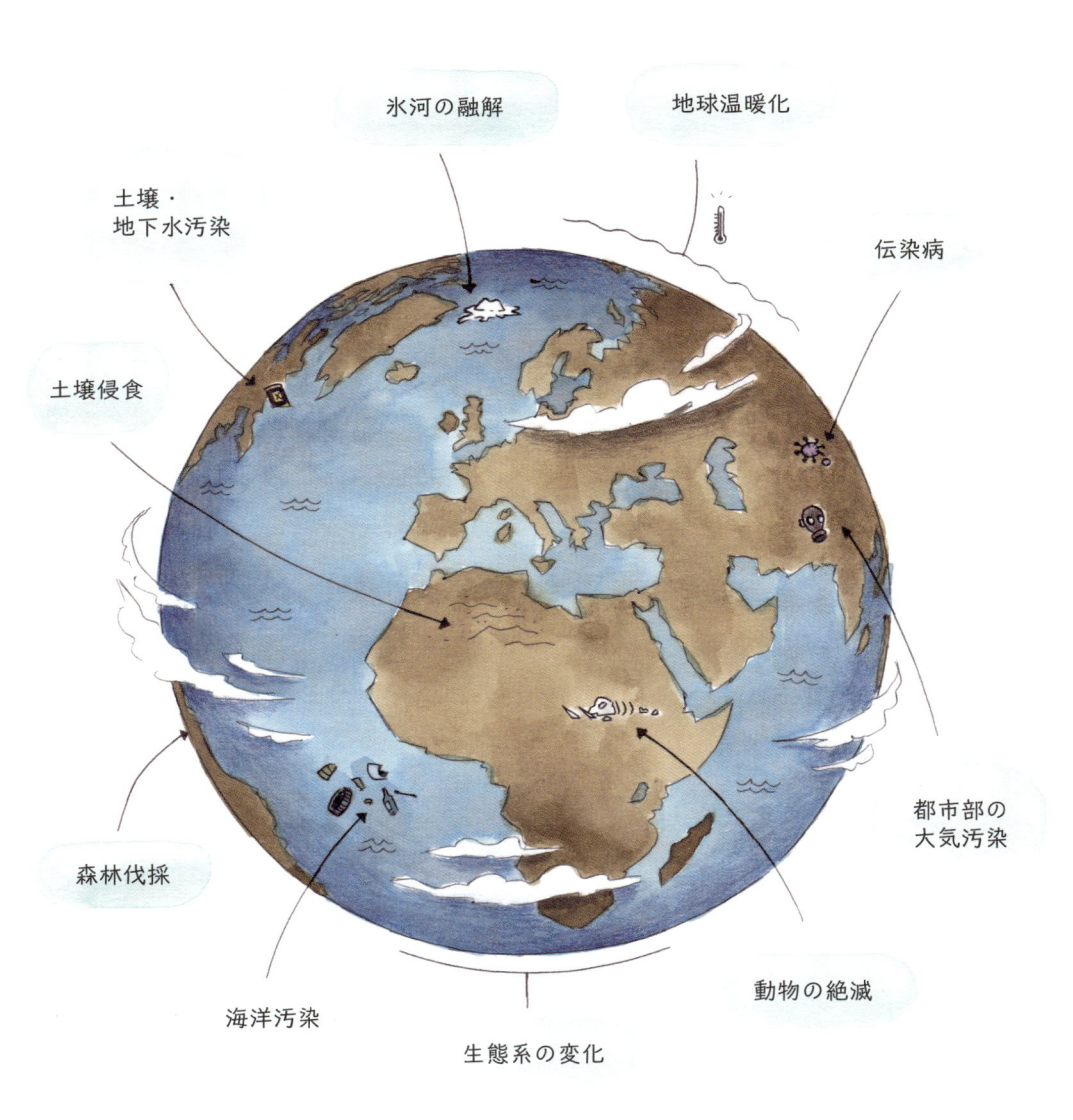

氷河の融解

地球温暖化

土壌・
地下水汚染

伝染病

土壌侵食

森林伐採

都市部の
大気汚染

海洋汚染

動物の絶滅

生態系の変化

人間が自然に対して行っている悪事についてや、自然を貪り続ける愚かさについて、気づいた出来事を紹介したいと思う

Chap. 2

血の海

※ ギョーム・ネリー（1982年-）は、フランス出身のフリーダイビングの世界チャンピオン。水深126mもの深さまで潜ることに成功したとされる。

ゴンドウクジラは、1時間以上
私たちと遊んでくれた

彼らは優しくたわむれ、
顔から数センチメートルの
距離まで近づいてきた

その瞬間の光景は、
一生忘れられない
ほど私の記憶に
残った

その視線の強さ、
そして
そこから放たれる静寂

だが、ゴンドウクジラは人間を警戒するべきだ

ISLANDE
アイスランド

デンマークの自治領、フェロー諸島は北大西洋の真ん中に位置し、強い海風が吹く風光明媚な島だ

NORVEGE
ノルウェー

何世紀にもわたり、この島の住民はゴンドウクジラの人懐っこさを利用して、彼らを虐殺してきた

イギリス
ROYAUME-UNI

デンマーク
DANEMARK

海賊から受け継がれた grindadrap※ は、クジラを殺す伝統的な儀式である

船がゴンドウクジラの群れを発見すると、船長は捕鯨責任者にそれを伝え、彼らが捕鯨を開始する。
その後、船がクジラを取り囲み、海岸に追い込む

※　grindadrap とは、フェロー語でゴンドウクジラを意味する grindhvalur と殺害を意味する dráp が合わさった言葉。

地中海でクジラたちと
共に素晴らしいダイビン
グをしたわずか数日後
に、この悪夢のような
儀式を目撃した

海洋生物保護のために活動
している NGO の一つ、
シーシェパード・フランスの代表
ラムヤ・エッセムラリに電話した

もしもし、
ラムヤ？

フェロー諸島の島民はおよ
そ 100 頭のゴンドウクジ
ラを殺害しようとしている
わ。群れをフィヨルド海岸
に追い込めば、大虐殺とな
るでしょう

そしてその悲惨な
ニュースは野火のよう
に広がるわ

奴らが来たぞ！

うめき声が聞こえる。彼らが
発する声は、私がニースの
沖合で聞いた声に似ている
ものの、より高い恐怖の
叫び声のような声だ

私は、ゴンドウクジラに
ナイフを突き刺す
捕鯨狩猟者（ほげいしゅりょう）たちの高揚感や
喜びに満ちた顔を見た。
彼らは血まみれで海から
出てきて、笑顔を浮かべた。
殺戮（さつりく）で海は真っ赤に
染まっていた。
かつては、この捕鯨で、
貧しかった島民は貴重な
食料を得ていた

だが、現在の島民には充分な食料がある

しかも、フェロー諸島の1人当たりの平均所得はフランスよりもはるかに高い

加えて、ゴンドウクジラの肉は汚染されており、医師は食用を勧めておらず、捕鯨は単なる儀式となっている

鶏を殺すこととクジラを殺すことに違いはないだろ

彼らは美味しい食材なのさ

これが俺らの伝統なのさ。確かに殺しは殺しだな

けど、お前はお前の国の食肉処理場で何が起こっているのか見たことないのか？

子どもたちに誇りを持ってもらうため、この捕鯨の伝統を見せにきました

I'm a tourist from Seattle, it's fun！※

※ 原注：アメリカのシアトルから来たよ、捕鯨は面白いよ！

私は今でもあの光景に衝撃を受けている

人類が他の種族と闘っているような…

人類自身とも闘っているような…

ÉTATS-UNIS
アメリカ

ロサンゼルス
Los Angeles

サンディエゴ
San Diego

Phoenix
フェニックス

San Felipe

サンフェリペ
シナロア・カルテルの
本拠地

MER DE CORTEZ
コルテス海（カリフォルニア湾）

MEXIQUE
メキシコ

OCÉAN
PACIFIQUE
太平洋

今回の取材ではこの地域を支配
するマフィアと直接交渉した

これから軍隊の
監視がないトトアバの
生息地域に行く

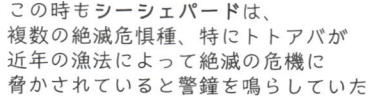

この時もシーシェパードは、
複数の絶滅危惧種、特にトトアバが
近年の漁法によって絶滅の危機に
脅かされていると警鐘を鳴らしていた

トトアバは、最大2mにもなる
スズキ目ニベ科の大型魚で、
地球上でここにしか生息して
いない

トトアバにとって不運なことだが、トトアバの浮き袋には奇跡的な効用があると信じられてきた

病の治癒、滋養強壮（じょうきょうそう）、さらに媚薬としても使えると、アジアの闇市場で高い人気を得ている

乾燥させたトトアバの浮き袋は、中国の闇市場で金や麻薬より高い、1キロ当たり最大5万ユーロで取引されている

トトアバのおかげでやる気が出るねぇ

トトアバは絶滅危惧種で、漁が禁止されている

さらに、最悪なのが、トトアバ漁は他の希少動物の生存を脅かしているという点だ

最大の懸念点は、このヴァキータという魚、別名コガシラネズミイルカだ

ヴァキータ
VAQUITA

シャチに似た笑った顔をしたこの小さなコガシラネズミイルカは、コルテス海北部に何世紀にも渡って生息してきた

しかし、不運にも、コガシラネズミイルカはトトアバとほぼ同じ大きさであるが故に、違法な漁で設置した網で捕獲されてしまっているのだ

20 年前には、500 頭のコガシラネズミイルカが存在した

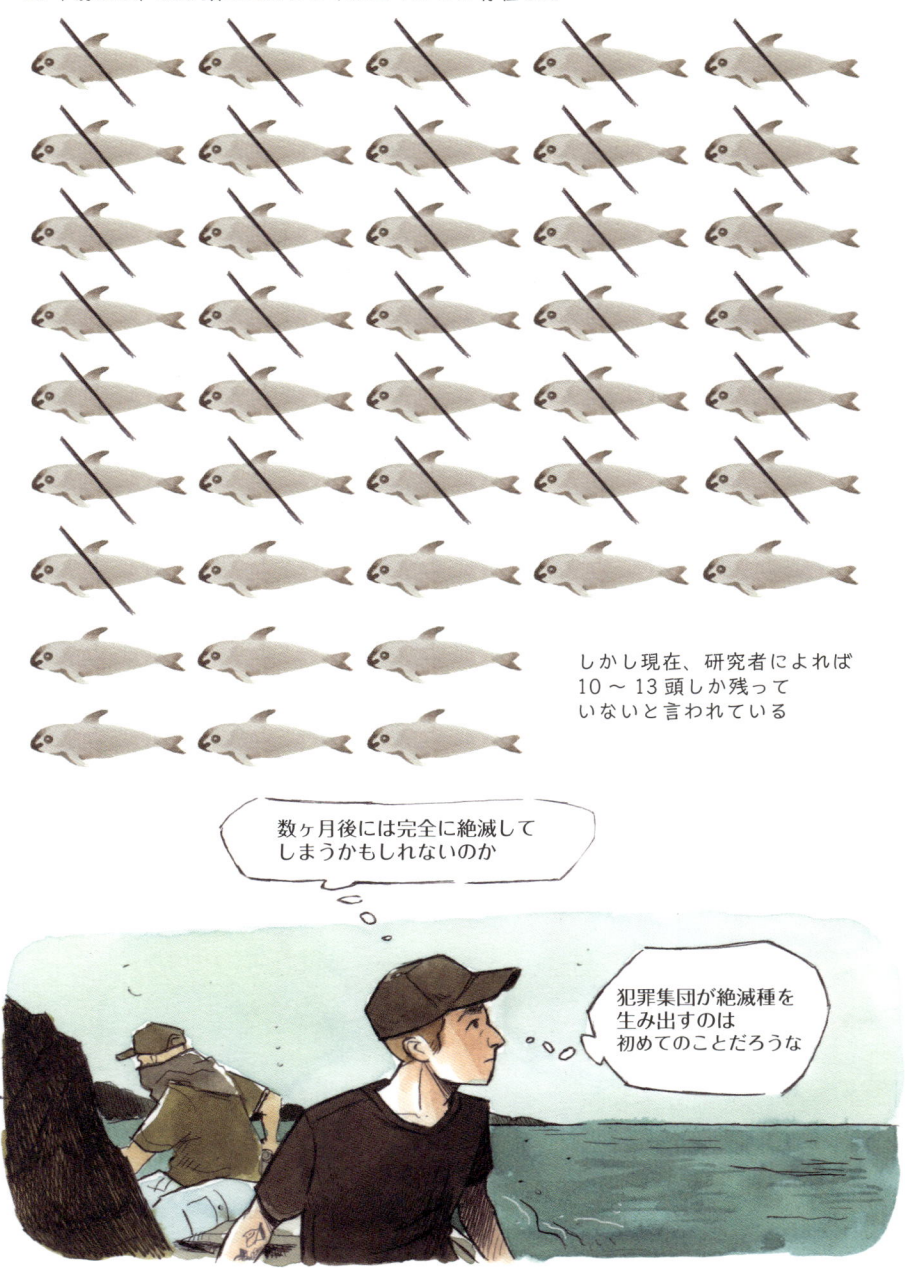

しかし現在、研究者によれば
10 〜 13 頭しか残って
いないと言われている

数ヶ月後には完全に絶滅して
しまうかもしれないのか

犯罪集団が絶滅種を
生み出すのは
初めてのことだろうな

フィクサー※のおかげで私たちは、悪名高い犯罪組織シナロア・カルテルと接触できた

トトアバだけを獲っているんですか？

そうさ。麻薬よりも儲かるからな。それが海のコカインと呼ばれている理由さ

1キロで最大5万ドルの価値なんだぜ！

でもトトアバは絶滅危惧種で、捕獲は禁止されていますよね？

それじゃあ、他の種類の魚が漁の網にかかったらどうしてるんですか？

そんなこと言うのはシーシェパードの奴らくらいで、昔と変わらないくらいたくさんいるから大丈夫さ

だから、網じゃなく、一本釣りで漁してるんだよ。俺らは責任感ある大人だからな

それで取材に同意したんですね？あなたなりのやり方を示すために

※　原注：外国人ジャーナリストが危険な地域にアクセスする際に協力してくれる仲介人。

視座を変えて。今度はミラグロ作戦※に参加するシーシェパードの活動船、シャーピーに乗り込んだ

全員がボランティアとして働いていた

地球に傷跡じゃなく、ポジティブな足跡を残したいんだ

ベン：
活動家

フランソワ：
船長

この作戦を始めてから3年になるけど、生きたコガシラネズミイルカは一度も見たことがない

一部の犯罪者が、メキシコの広大な海洋生態系に多大な影響を与えているんだよ

ジャック：
活動家

エヴァ：
活動家

ここの船員たちはみんなヴィーガンなのよ。動物を救うために闘っているのに、動物を食べて海を台無しにすることなんてできないから

※　2014年から2019年にかけてシーシェパードによって実施された、コルテス海（カルフォルニア湾）でコガシラネズミイルカを保護する活動の総称。ミラグロはスペイン語で「奇跡」を意味する。

でも、これが現実だ

少なくとも15隻の密漁船がいる

OK、ドローンを発射する

私たちに向かってきているわ

警戒レベル2を発動

待って、撮影させてください。何が起こっているか撮影しておきたいんだ

だめだ。船員全員が危険に晒される

耐火性のウェットスーツを着ろ、冗談じゃない

奴らがボートを攻撃すれば、警戒レベルが2、そしてレベル3に上がる

それはどういう意味？

水槍(みずやり)で応戦できるってことさ

奴らが実弾を発砲してくれば、こちらでも発砲命令が出る

船のスピードを上げて、高い波を立たせて怖がらせるんだ

作戦は成功し、密漁者たちは撤退しつつあるが、それでも平静を保つのは難しい

シーシェパードのような志の高い組織がなければ、あのクストー海軍大佐[1]が「世界の水族館」と呼んだこの場所は、人々の無関心の中で消え去ってしまうだろう

最後のヴァキータ

Cimetière des espèces disparues [2]

※1　ジャック＝イヴ・クストー（1910-1997年）は、フランスの海洋学者、地球科学者。クストーはコルテス海（カルフォルニア湾）を、素晴らしい生物多様性と並外れた自然の美しさを持つ場所として「世界の水族館」と命名した。
※2　絶滅種の墓場

悲惨なのは、海では多くの動物が食べられることなく、ただ大量に虐殺され、無意に死んでいっているという事実だ

危ねぇ！

?

例えばマグロ漁では、鯨類、亀、店頭で売れない魚等、その他140種の魚が混獲されている。ほとんどの場合、それらは殺されるか、瀕死の状態で船に引き揚げられ、その後海に投げ戻される

混獲とは漁獲対象ではない魚を獲ってしまうことだが、合法か違法かについて厳格に判断されることはない。もちろん漁師は特定の種を狙っているものの、タイミング悪く漁場を通過した全ての魚を捕獲している

フランスでは、ビスケー湾でバスやメルルーサを釣るトロール船や切り身漁船がイルカの虐殺に加担しており、ペラギス海洋生物観測所によれば、毎年、そのうち約１万匹が網にかかり、死んでいるという

エビの底びき網漁は場所によっては95%という記録的な混獲率を示している。船に持ち込まれた100kgのうち、エビはわずか５kgで、残り95kgは「廃棄物」とみなされる他の魚だ。これらの魚は販売が禁止されていたり、十分な利益が見込めないために海に捨てられたりしている

地上に置き換えると、ほんの数頭の猪を捕まえるために、森に住むすべての動物を虐殺しているようなものだ

漁業は大規模な産業であるから
こそ、不処罰のままだ

保護されているイルカ、亀、
サメを意図的に釣り上げる
ことは、世界中のほとんどの
国で禁止されている

一方で、いわゆる意図しない
混獲に関しては、何の制裁も設け
られていない。いずれにせよ、
混獲の内容の違法性をチェックする
人はいないんだ

MORTS
POUR
RIEN ※

※　理由なき殺戮

世界中で毎年 1000 億から 2500 億匹の魚が捕獲されている。しかし、WWF によれば、これらの魚の 40% は無意に捕獲されている

これは、毎年何千億もの生き物が何の理由もなく殺されていることを示している

1976 年以降、フランス農業漁業法典 L214-1 条では、「動物は、その所有者によって、その種の生物学的要請に適合した条件の下で飼育されなければならない」と定められている。

Chap.3

集約化という名のホラー

フランスに帰国した時、目の前にある酷い状況に気がついた…

…残念ながら繰り返されている…

種の絶滅

生態系の破壊

TCHAC!

あるいは不当な虐殺

BROM!

BROM!

…私たちの日常の中で…

…毎日

Boucherie Charcuterie

Le Fournil

GRAN BOU

私はこれまで、たくさんの工場や養豚場、養鶏場を訪れてきた。敷地内の掃除や整理がなされる前の現実を見るために、常に夜間に訪問してきた

飼育環境が原因でここの動物たちには免疫がほとんどないから、防護服が必要なんだ

フランス農業漁業法典 L214 条を守る会の活動家

常に恥ずかしさと吐き気をもよおしながら帰宅した

集約畜産では、動物が自分たちがした排泄物の上で生活している

酷い悪夢のようだ

フランスの養鶏場の鶏に対するスペースの基準値は、1平方メートルあたり 22 羽、つまり 1 羽あたりわずか A4 用紙 1 枚未満のスペースなんだ

集約畜産における動物福祉？そんなもの存在しないわよ

雌豚が閉じ込められている妊娠用・分娩用（ぶんべん）のケージでは、体を動かすことさえ禁止されていて、機械に傷を付けないよう向きを変えることさえ禁止されているの

アナイス：
元養豚業者

私は主に分娩部門の担当だったんだけれど、未熟児と判断された子豚を選別する必要があったわ

普通なら、「叩き殺す」。つまり、その子豚の頭蓋骨を地面や壁に叩きつけて殺さなければならなかったんだけれど、私は出来なくて。上司が対応してくれたわ

CHTAC!

雌豚の視線って不思議で、私たち人間と同じような目をしてた。まるで絶望や退屈、疲労を抱えた1人の人間と視線を合わせてるような気持ちになったの

生産圧力がある場合、動物を適切に扱うことはできないという真実を人々に伝える必要があると思う

※ 牛の骨髄はオーブンで焼いてパンに塗ったり、スープの材料にしたりとフランス料理によく用いられる。

1時間で大体35頭の牛を屠殺していました

多い日には45頭を屠殺することもありました

つまり、1匹あたり2分未満で殺すんです

屠殺される動物は危険を察知していて

彼らの目には苦しみが浮かぶんだ

長い間、同じ悪夢を見続けていました

白い防護服を着て…

ブーツを履き…

エプロンをつけて…

刃物を手に持って…

牛をナイフで殺すんです

まず、「マタドール」で牛を気絶させます

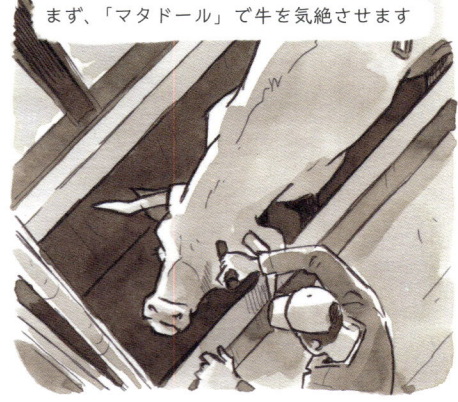

マタドールは、両目の間の頭蓋骨を打ち抜く銃弾を備えた銃なんです

TAK!

動物を殺すのではなく、気絶させるように作られてて、マタドールを使っても彼らは生きています

マタドールが失敗した場合、動物は暴れたり、飛び跳ねたり、従業員を避けたりして、数分経って係員が喉を切り裂いても、まだ意識があることも多かったです

係員が頸動脈（けいどうみゃく）、首の動脈にザクっとナイフを突き刺すんですが、動物が苦しくて身をよじっているのがわかるんです

屠殺場での生活から立ち直るまでに
長い時間がかかりました

最近、やっと悪夢を見なくなりました

私は、このシェルターに
くるのが好きなんです

幸せな動物たちを見れば、
一目瞭然です

GRAT
GRAT

苦しみが伝染するなら、幸せだって
伝染すると思います

日常生活では、家畜はそれほど不幸ではないという印象を持ちがちだ

牧草地では、牛や羊が草を食べ、鶏が歩き回っている

見てよ、すごいや。鶏も七面鳥もいる！

しかし、この印象は見せかけのものだ

私たちが消費する動物の大半は監獄の中に一生閉じ込められ、トラックで屠殺場に向かう時に初めて外の景色を見る

フランスでは、毎年屠殺される 10 億頭の動物のうち、1 億 5000 万頭だけが開放型の農場で飼われ、それでも最終的には屠殺されている

豚 95%

鶏 83%

ヤギ 60%

七面鳥 97%

ウサギ 99%

産卵鶏はほぼ 50%

850 millions enfermés※

※　8億5000万頭の監獄

現在、フランスでは 6700 万人の人口のうち、
1.5% にあたる約 100 万人が狩猟者として狩猟活動
をしている。1975 年の 5400 万人の人口の 4 ％ に
あたる 220 万人が狩猟者として活動していた頃に
比べれば、その数は減少傾向にある。
フランス環境省フランス生物多様性局 (OFB) に
よれば、現在、狩猟者は年間 2200 万頭の
動物を殺している。

Chap.4

消音銃

もちろん、人間は太古の昔から動物を食べてきた

だが、その背景は異なる

何千年もの間、狩猟は私たちの生存に不可欠だった

狩猟は生きていくためなくてはならないものだった

バランスも取れていた

…パワーバランスという観点において

しかし、現代社会において、この背景は当てはまらない

まず、フランスの狩猟者たちは、飢餓（きが）の危機にさらされていない

FNC※によれば、フランスの狩猟者のうち 50% が太りすぎにあたる

特大サイズのテリーヌを食べすぎたかもしれない

そのうち 18% が肥満

俺ら別に太ってねーだろ

現代社会において、狩猟は趣味の一つとみなされている

FNC 会長
ウィリー・シュレン

狩猟に行ったり、動物を追尾し狩ることは楽しいか？と質問されれば、

10:33

答えは YES です

動物を狩ることは暴力的な行為には当たりません。確かに、食料供給という文脈からは外れますが、狩猟自体はとても楽しいものです

※　原注：FNC（Fédération Nationale des Chasseurs de France）は、フランスハンター連盟のこと。

実際、狩猟の現場では害獣駆除はほとんど行われていない

わかりやすい事例として、毎年、狩猟者によって殺される動物の80%は鳥※だ

最も狩られている鳥類として、キジと山ウズラが挙げられ、そのほとんど全てが…農場から放たれている

今から放ちます

※ 原注：フランス生物多様性局 (OFB) による。

彼らは生まれた後、カゴや鳥小屋に入れられて一生を過ごし、その後、数時間から数日間だけ放たれ、射殺される

PÂ!

これは、害獣駆除とは対極にある。ライブターゲット射撃と呼ばれており、ゲームの一貫として行われている

見つけた

近年ゲーム感覚で行われるようになった害獣駆除の背景には、野生の猪を急増させた狩猟者の責任がある

1970年代、猪は、繁殖力を高めるために家畜豚と交配させることもあり、自然に自然環境に放たれるようになった

レイモン・ペルニエ：1977年から2000年までフランス・アリエージュ狩猟連盟の会長

ration de chasse
de l'ARIEGE

ためしに、ハンガリー野ウサギを数年間使用しましたが、成功せず、

狩猟者のモチベーションを高めるために、鹿と猪を使用することにしました

後者については、ビオトープ※の質、豊富なエサ、そして優れた繁殖力が素晴らしい相乗効果を生み出しています

育て、増やし

殺す

それが我々狩猟者のモチベーションになるんだ

※　人工的に作られた自然環境。

動物を放ち、ハンターの
ターゲットを提供

YAHOU!

冬の間にエサを
与えます

まだまだ
食えるぞ！

ここは安全
だわぁ…

気候変動の
影響で冬は
暖かく、
生存が容易に
なった

畜産工場に供給する
ため、トウモロコシ
の栽培を増やす

うまい！

それが猪の急激な増加を招く

このように、私たちは
特定の種を優先し、
野生動物の生息地を
侵害して生態系の
機能を自ら混乱させた
にもかかわらず、動物
たちが私たちの活動を
混乱させたと
被害者ヅラする

それはまるで、私が招かれてもいないのに
勝手にあなたの家にやってきて、リビング
のソファーに座ってテーブルに足を乗せ、
TVを観る邪魔になるから静かにするよう
にと、家主であるあなたに頼んでいるよう
なものだ

そんな状況、
我慢できますか？

そう！我々はまさに現場を
混乱させ、不要だった
はずの害獣駆除を
しているのです

さらに最悪なのは、フランスでは保護対象の動物であっても、フランス政府公認の法的免除※のために猟銃からの襲撃を避けられないという事実だ

現在、野生生物にとって、フランス国内で安らげる場所はほとんどないのです

ピエール・リゴー：
自然愛好家

フランス国土のごく一部に相当する大規模な国立公園の特定地域を除き、どこでも狩猟ができるようになっています

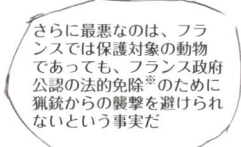

狼（保護種）
せいじゅう
2022 年、成獣は 921 頭と推定されており、そのうち毎年 100 頭が殺されている

カワウ
（保護種）
年間約 3 万羽が殺される

コクマルガラス（狩猟禁止）
フランス・コート＝ダルモールとフィニステールの行政の認可のもと、2020 年に 1 万 7000 羽が殺された

アイベックス（保護種）
バルジー山塊にいるわずか 400 頭の個体群のうち 61 頭が絶滅

※　フランスの国内法では保護対象の動物であっても、一部の動物は狩猟が許可されている。

いまだに狩猟が許可されている減少種または絶滅危惧種の例

ミクロンダック

赤いツグミ

茶色のスコーター

カンムリタゲリ

ポチャード

地中海のムフロン

「動物たちも狩猟を楽しんでいる」と語る猟師（りょうし）に出会うこともある

動物は自分たちの生息地域について熟知していて、走り回ることが好きで、狩猟を楽しんでいるんだよ

動物は狡猾で、ただ、犬と遊んでいるだけなんだ！動物にとって狩猟はゲームなのさ

この話を聞いて非常に驚いた。猟犬を用いた狩りで狩猟される動物の数は少ないため、「規制」はない。また、狩った動物の肉は犬に与えられる。つまり、人間は食べるための狩猟すらしていないのだ

2018年、
フランス・ヴァンデで猟犬（りょうけん）を用いた狩りをしている人に出会った時のことだった

狩猟は、娯楽として動物を殺すという欲望を満たすためだけの非常に残酷な行為の一つだといえる。ヨーロッパのいくつかの国では既に禁止されている

これには、野生の猪、鹿、狐などの動物に対する追跡が含まれる…

川に向かってる！

…猟犬を引き連れた馬に乗った猟師

狩猟は儀式化されており、猟師たちは中世の狩人の衣装で仮装する…

…過去何世紀にもわたり、この不気味な趣味に没頭していた貴族たちのように

猟犬を使うことで、獲物を追いかけるという狩猟の「楽しさ」を最大限にしているのだ

WARF! WARF! WARF! WARF!

飛びかかれ、飛びかかれよ！

なぜなら、猟師を喜ばせるのは、狩るという結果より も獲物を追いかけるという 行為だからだ

この執拗な追尾は数時間続くことも
あり、追いかけられる動物に強い
ストレスと苦痛を与える

やった、
やったぞ！

TCHAC!

私たちは、狩猟規則の
範囲内で完全に合法的な
狩猟を行っています

同様に残酷な狩猟のやり方として、地下を掘り起こす方法がある

この狩猟方法はフランス北部で一般的な方法だ

TAP! TAP!

アナグマがいる！

これは、狐やアナグマを巣穴まで追いかけ、穴を掘り、犬を送り込んで獲物を追い詰め、殺す前にペンチで引き抜く方法だ

クソ！

ワン・ボイス協会の潜入活動家は、こうした狩猟の一つを撮影することに成功した

母親もいるぞ

さぁ、最後の一発を打ち込んでやれ！

PAK!

そのビデオはゾッとするものだった

死体はその場に捨てられていた

集約畜産場にいる動物たちに対する無関心と
同じように、狩猟における無意な憎しみや
苦痛、殺戮の喜びに疑問を感じる。動物も
我々と同様に感覚を持った存在のはずだ。
フランスの人類学者パスカル・ピックの
「考える動物は人間だけではない。しかし、
自分が動物ではないと考えるのは人間だけだ」
という言葉が思い浮かぶ。我々人間は、他の
生き物に対して持っている優越感を理由に、
自らの搾取や破壊を正当化している。

Chap.5

ブウィンディ原生国立公園のゴリラ

ブウィンディ原生国立公園はその名に恥じない場所だ

何百万もの昆虫が植物の下を
動き回っていそうだが、
不思議なことに目にみえる
昆虫はほとんどいなかった

ゴレスは、貴重な生物が
眠るこの自然公園の
保護官の1人だ

この自然公園には 400 〜 500 頭の
マウンテンゴリラが生息している

最近、密猟者がゴリラを
槍で刺し殺したんだ

密猟者は重罪を言い
渡されたよ

…世界中のマウンテンゴリラのうち
約半分がここに生息している

驚くべきことに、絶滅危惧種とされた
マウンテンゴリラを取り巻く状況は改善
している。生息地の厳格な
保護と密猟者に対する厳罰
化が功を奏し、その数は
20 年間で約 2 倍に増加した

OUGANDA
ウガンダ

観光業の発展に伴い、
ヨーロッパからの
ツアー客は自然環境
でゴリラを観察する
ために多額の費用を
支払っており、それは
保護官の給料をまか
なっている

Lac
Victoria
ビクトリア
湖

ブウィンディ
原生国立公園

銀色の背中を持つマウンテンゴリラは、群れを支配するオスだ

あなた方は彼らが出会う初めてのヨーロッパ人なので、彼らがどう反応するか分かりません

今まで、このゴリラの家族は現地の人々としか出会ったことがないので

人間の視線に対して…

TAP! TAP! TAP! TAP!

はじめ、彼は人間を…

…威嚇した

彼はただ、自分の縄張りだということを示したいだけなんです

私が喉を鳴らして出した音は彼を落ち着かせるためのものなんです

ゴリラの言葉で言うなら、「私たちは友達としてここにいる」というような意味なんです

HUMPF!

ゴリラは静かに去っていった。確かに、あれはただの威嚇行為だった

2、30秒だったか、何秒経ったのかわからなかったが、メスのゴリラの表情は非常に人間的だった

彼女が微笑んでるような気がしたのだ。動物と人間との間につながりのようなものがあると感じたのは初めてのことだった

ブウィンディ原生国立公園での体験は素晴らしいもので、誰もが満足して帰っていく

保護区からの収入の一部は近隣の村の住民に支払われ、彼らがその資金を森林伐採に使うことはない

200万ユーロ以上が既に学校や診療所の建設に使われてきた

GORILLA PROTECTION PROGRAM

人間とゴリラのDNAは98.4%同じなんです

だから観光の際にマスクをつける必要があるんでしょうか？

そうなんです。人間はゴリラにとても近い存在なので、病気を伝染させたり、逆に病気に感染させられたりする可能性があるんです

ゴリラは我々人間のいとこなんですよ

特定のゴリラの群れに対しては、最低限の距離を保ち、1時間以上滞在しないという条件下で観光客が接触できることになっています

ここでは野生動物の生息地を保護することができています

一方で、孤立したゴリラは人間との接触を持ちません

数キロ離れた国境の反対側がコンゴ民主共和国であることを考えれば、これは注目に値する…

…ゴレスのような多くの保護官が待ち伏せされ、殺害されているからだ

ブウィンディ原生国立公園では、ゴリラ、観光客、地元の人々が良好な関係を保っている

他者と自然への敬意の模範例として、将来にわたり見習うべき事例だ

ゴリラとの出会いは、
私に人間が動物であること
を思い出させるきっかけと
なった…
人間は動物に他ならない

それでも、人間は自分
たちが優れていると
思い込んでいるけれど

Chap.6

動物の知性

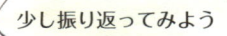
少し振り返ってみよう

MAMMIFÈRES
哺乳類

PRIMATES
霊長類

HOMINIDES
ヒト科

科学的な視点から
見れば、**人間**は、

霊長類、

ヒト科（ゴリラなど）、

そして、**ホモ・サピエンス**
という種の哺乳類です

進化のスケールから見れば、非常に若く脆弱な種族だ

地球の歴史が 24 時間だと
すると、私たちは真夜中の
直前に現れることになる！

ここだ

ヒト属の
最古の化石は
280 万年前の
ホモ・ハビリス
まで遡る…

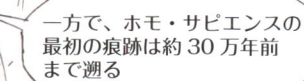

一方で、ホモ・サピエンスの
最初の痕跡は約 30 万年前
まで遡る

私たちの種がヨーロッパに辿り着いたのは、「わずか」5万年前だ

…そして農業が発明
されるまでにはさらに
4万年待つ必要があった
（つまり、紀元前1万年前頃）

私たちと同時代を生きるサメをはじめとする動物たちは、
以下の期間、地球に存在している

サメ：4億年前から

亀：2億年前から

アリ：
1億4000年前〜
1億6800年前から

日に日に環境が悪化していく中で、
人間は彼らと同じくらい存続できるの
だろうか？

ベンチプレス世界記録保持者のジュリアス・マドックスは、350キロを持ち上げた

フンコロガシは、自身の体重の1141倍のものを持ち上げることができる

これは、体重70キロの人が80トンのものを運ぶのに相当する

グリーンランドザメは、最長400歳まで生きることができる

我々人間が自分たちを世界の支配者であると考えるとすれば、それは我々が並外れた知性の発達によって生理学的欠陥を埋めることに成功したからであり、この立場が我々人間に人間以外の生き物を自由に処分する正当性を与えたのだろう

最も印象的な事例として、カラスが信号機を利用してナッツを割るという事例が挙げられます

車が赤信号で止まると、道路にナッツを落とし、

その後、信号が青になると、車がナッツの上を走行することでナッツの殻が割れ、

カラスは車が過ぎ去ってから殻の割れたナッツを味見するわけです

CRAC!

うまい！

知性は複雑に組み合わさったもので、それに優先順位をつけたり、比較したりするのは無意味です

知能とは、個人または種族が問題を解決して新しい状況に適応できるようにする一連の行動であると考えられています

しかし、短期間のうちに人間は依存している生態系にダメージを与えてしまいました

仮に進化のスケールをカテゴリー化するとすれば、人間は最も知的というより、最も愚かな動物に近いのです

多くの動物が複雑な個体を産まないのは、単純にそれらを必要としないから、かもしれない

自らを殺す核爆弾を製造したり、少数の裕福な観光客を宇宙に送るためのロケットを製造したりすることは、知性の賜物といえるだろうか？

明らかなのは、人間は共同体の中で言語を作り出すなど、現実には存在しない虚構を他者と共有することで地球を支配することに成功してしまったということなんだ

課題と役割を分担することで、狩猟、農業開発、都市建設など、我々人間が直面する課題に対処することができたのだ

チンパンジーなどの他の霊長類も互いに協力するものの、それは小規模で、面識のない猿とは協力しない

私たちホモ・サピエンスは、共通の信念を共有しているため、時には地球の裏側にいる未知の人類とも協力することができる。その最たるものは、お金に対する信念だ

実際、人間は、「硬貨」と呼ばれる金属片と「紙幣」と呼ばれる紙切れに過ぎないものに、お金という価値を与えている

我々人間がお金の存在に同意し、お金に信頼を持っているからこそ、会ったこともない何百万人もの人々を協力させることができているのだ

ニコラ・マテヴォン：
生物学者
CNRS の生物音響学の専門家

我々人間は、もはや自らの種族を他の動物と争うことはありません。それぞれの種に独自の生物学的、生態学的、社会的、文化的特徴があり、それが独自の世界を定義しています

ニコラにとって、それぞれの動物特有の様々なコミュニケーション様式というのは、まさに言語ともいえるものだ

生物間のコミュニケーション方法は様々だが、どれも興味深いもので、我々は生命の多様性を目の当たりにします

動物は、互いに会話する。それは当然のことだ。しかし、ニコラが教えてくれた動物と人間の間のコミュニケーションに関して、完全に明文化された事例が少なくとも一つあるという事実に興味を持った

それは、アフリカ・モザンピークのノドグロミツオシエと呼ばれる鳥の事例だ

ノドグロミツオシエは、蜜蝋※が好きだが、ミツバチはノドグロミツオシエを巣に近づけない

一方で、人間の村人たちは蜂蜜が大好きだが、それがどこにあるのかわからない

そこで、人間とノドグロミツオシエがそれぞれのスキルを組み合わせ、蜂蜜と蜜蝋を採取するという

蜂蜜の採取者である人間は、ノドグロミツオシエを引き寄せる特別な声を出す。ノドグロミツオシエは他の音には反応しない。この声は彼らの父親から受け継いだものだという

声を聴いたノドグロミツオシエは蜂の巣の場所を人間に示し、人間は蜂蜜を採取する。その代わり、人間は採集場所を去る前に、ノドグロミツオシエのためにわかりやすい場所に蜜蝋を置いておく

※ ミツバチが巣を作るために分泌するロウ状の物質で、蜂の巣そのものを構成する原料。

ニコラとは何時間でも話せた。彼の研究の話は
とても興味深かった。たとえば、ザトウクジラ
には…アクセントがある話！

同じ海洋地域に住むオスのザトウ
クジラたちは同時に同じ歌を歌う。
一方で、様々な地域の方言と同様
に、ザトウクジラの歌う歌も
地域によって異なる

ある日、研究者たちはオーストラリアの東海岸の２頭のザトウクジラが、
他のザトウクジラとは異なる歌を歌っていることに気がついた

そして、驚くべきことに、
１年後、東海岸の 112 匹の
オスのほとんどがこの新しい歌
を歌うに至ったという

西から来たザトウクジラが、南極海から帰る途中に
道をまちがったことが、新たな流行歌を東にもたら
したと考えられるんだ

ある種の文化
革命なのさ！

クジラが歌う時、お互いに
何を言っているのかはわから
ない。彼らのメッセージの正確
な内容は謎のままなんだ。
こういった事実は、我々人間
に謙虚さを与えるはずだよ

動物の言語を研究すると、すぐに
人間の知性の限界に直面する

動物が自分自身を認識しているかどうかを調べるため、研究者たちが有名なミラーテストを行った

簡単に言えば、動物の頭に色付きのマークをつけ、鏡の前に置いた時の行動を観察するというものだ

たとえば、動物が自分の頭のマークにさわろうとするなど反応した場合、動物は鏡に映ったものが自分であることを認識しているから、自分自身を認識していると結論づけるというテストだ

カササギは頭を擦ってマークを消そうとする

このテストで自分自身を認識しているとされた動物たち

チンパンジー

アジアゾウ

豚

マンタ

カササギ

人間の乳児は18ヶ月から自分自身を認識した

このテストでは見過ごされていることがありました

大半の動物の主要な感覚は視覚ではなく、聴覚や嗅覚です

犬はこのテストで不合格の結果となりました。しかし、匂いに関する個人認識テストを行えば、犬は合格することができたでしょう

もう一度強調しますが、人間は全てが人間中心であると誤解しているのです

我々の祖先の中には、人間と他の動物との関係や、知能を順位付けするという無知な行為についてすでに疑問を持っていた人々がいる

16 世紀、モンテーニュはエッセイの中で次のように書き記した

人間側の視点で、人間が動物とコミュニケーションできないことを動物のせいだと決めつけてしまうのは果たして正しいのだろうか？

なぜなら、動物側からすれば「人間が動物を理解していない」と言えるからだ

つまり、人間側が動物に知性がないとみなすことがあるように、動物たちも人間のことを知性が高いとは思っていないかもしれない

1789 年、イギリスの哲学者ベンサムは、当時としては非常に現代的な一節を書き記した

専制政治によらずとも、人間以外の動物たちが確固たる権利を獲得する日がいつか来るかもしれない

フランス人は、既に皮膚の黒さが刑罰を課していい理由にはならないという事実に気づいている

おそらく我々人間はいつか、足の数、皮膚の毛深さ、尻尾の有無が、敏感な動物に苦しみを与えていいという理由にはならないことに気づくだろう

問題は、動物が理性的か、話せるかという点にあるのではなく、動物が苦痛を感じることができるかという点にあるのだ

これらの言葉が 200 年後の人間の心に響きますように

動物の扱いによりもたらされる問題の
大きさに目を向けることは、生き残りを
かけた問題であると同時に、倫理の問題
でもある。動物にとっても我々人間に
とっても、生物に対する視座を変える
ことが急務となっている。

Chap. 7

雑食動物は、肉食動物と同義ではない

もう一つ、私たちの生活習慣の見直しを促す重要な議論がある

畜産は世界の温室効果ガス排出量※の 14.5% を占めており、世界中の自動車、飛行機、船舶からの直接排出量と同じくらいのガスを排出している

※ 原注：国連食糧農業機関による。

畜産は鉱山や木村密売をはるかに上回って、アマゾンの森林破壊の主な要因となっている

フランスでは、畜産は海岸での有毒藻類（ゆうどくそうるい）の増殖のみならず、河川や地下水面の汚染にも大きく影響している

紀元前 550 年。集約的農業は存在せず、生物多様性は現代よりも多様だ

ソクラテス以前の哲学者は、メテムサイコシス、つまり魂の輪廻を信じていた

彼らによれば、魂は不滅であり、人間と動物の両方の体を通過するものだった

お前さんたちは、私の兄弟、いとこ、それとも祖母かな？

数学の定理で有名なピタゴラスは、動物を殺害することは、潜在的に兄弟を殺すことと同義だと信じていた

我々が兄弟なら、どうして動物を殺そうと思えるだろう？

あなたがこの本を読んでいる 2500 年以上前に彼は菜食主義を提唱していた。ピタゴラス、なんて最先端だったんだ！

考えてもみろ、あなた自身を食べるってことだぞ！

１世紀、プルタルコス[1] は、私たちに害を与えない生物は、私たちも傷つけないという観点から菜食主義を提唱した。生き残るために狩猟をしていた先史時代の人類とは異なり、農耕を習得した当時の人間にはもはや肉を食べる口実はないと考えていた

人間の体の構造は、肉食動物と全く違う。人間には、かぎ状のくちばしも、爪も目も鋭い歯もない

人間の胃腸は動物の肉のような食べ物を消化吸収できるほど強くはなく、内臓も十分な機能を持っていない。我々には歯があるが、狭い口、柔らかい舌、そして、消化するには弱すぎる内臓が肉の摂取を拒んでいる

しかし、人間は、自然が動物の肉を食べるように仕向けたと主張し続けるだろう。だからといって、自らの手で道具を使い、ヒョウ、クマ、ライオンなどの動物を屠殺し、その肉を食べるのは非道だ。死んだとしても肉をそのまま食べる人間はいない。人間は肉を火で煮て、焼くことで、殺人の恐怖を残す肉を最後に変性させ、そうすることで味覚を騙し、この汚らわしい栄養を摂取しているのだ[2]

※１　古代ローマ帝政期に生きたギリシア人の哲学者、著述家。
※２　文章はアミオットの翻訳による。

17世紀から18世紀後半にかけての啓蒙時代、人文主義の哲学者ルソーは肉食を拒否し、必要ないと断言し、動物を含む生きとし生けるものに対する敬意として菜食主義を擁護した

もし私に、同胞には危害を加えてはならないという義務があるとすれば、それは同胞が理性的な存在であるからというよりも、同胞が敏感な存在であるからです。この論理は動物にも人間にも共通します。少なくとも一方に他方から不必要に虐待されない権利を与えることが必要です

しかし、肉を食べることをやめたり減らしたりした場合、私たちの体への影響はどうだろうか？

人間は雑食動物だ。私たちは入手可能な食べ物に応じて、様々な食事をとることで快適に生きることができる

人間の体は肉と同じように植物から栄養摂取することができる

このテーマに関して行われた科学的研究の全てが、ベジタリアンとヴィーガンが一般の人々と比べて健康状態が劣るようなことはなく、多くの場合、その逆ですらあることを示している

変ですね、全て大丈夫です。特別な食事療法を行っていますか？

菜食主義は、糖尿病や特定の癌などの病気を発症するリスクを軽減し、余分な体重を減らし、全体的な体型をより良くするのに役立つ。重要なのは、バランスの取れたプラントベースの食事をとり、様々な食品とレンズ豆などのマメ科植物に豊富に含まれる植物性タンパク質を十分に摂取することだ

私はよく肉と魚を食べていた。肉や魚が食卓に並ばないと、食の楽しみが失われるのではないかと心配だった

ただ、それは全くの誤解だった！以前よりも頻繁に自炊し、新しい味や美味しいレシピを発見するようになった

なんてことだ！

人間は肉食動物だったのか！

全員ではないようだ

待ってくれ！

数世紀後、もし人間がまだここにいるなら、歴史家たちは現代を生きる我々が動物に対して酷く不公平で残酷な扱いをしていたことを疑問に思うだろう

実際、疑問を持つには遅すぎる。私たちの地球は、人類文明の存在を脅かす、取り返しのつかない転換点に来ている

Chap.8

蝶が教えてくれたこと

人間の消費行動は自殺行為だ

人間の生存は、人間が出現し進化した環境が適切に機能するかどうかにかかっているんだ

生物多様性や健全な生態系がなければ、人間に未来はない

人間が引き起こした6度目の大絶滅時代が我々に襲いかかる可能性がある

このような結果を避けるために、我々人間は動物のために闘い、自然の生息地を保護する必要がある

オオカバマダラとそれらの蝶を保護する巨大な針葉樹であるオヤメルの事例は、我々人間に多くの示唆を与えてくれる

なぜなら、最終的にこれは、人間が生き残るために依存している生態系を保護することに繋がるからだ

蝶が、私の腕、肩、靴、髪にとまる…

オオカバマダラは人間を恐れず、人間を一種の止まり木として利用する

驚かせないよう細心の注意が必要だ

オレンジと黒の翼に白の斑点のあるこの魅力的な蝶はとても繊細だ

ほんの少し、強く触れただけでも死んでしまう可能性がある

この息をのむような光景は世界でも類を見ない光景だ

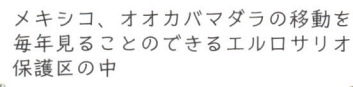

メキシコ、オオカバマダラの移動を毎年見ることのできるエルロサリオ保護区の中

蝶はどこかに留まり続けるということはなく、秋になると米国とカナダを離れ、温暖なメキシコで冬を過ごす

驚くべきことに、目の前で変化する蝶の中には、これまで一度も越冬したことのないものもいる

蝶は移動を繰り返すことはできない。なぜなら彼らの寿命はせいぜい数ヶ月だからだ

蝶は特定の針葉樹を好んでおり、オヤメルは標高と湿度に適した最適な針葉樹だった

蝶たちの避難所としてオヤメルが存在するのは、ホメロ※の功績によるものだ

ただ、情熱的なメキシコ人ホメロの献身的な努力は、彼に大きな代償をもたらした

2020年1月14日、ホメロの遺体が井戸の底で発見された

殺人事件であるにもかかわらず、その後捜査は進まず、真実が明らかになることはなかった

アマド、ホメロの弟

環境を保護しようとする多くの活動家が殺害されている

それを目撃した私たちは、報復を恐れて沈黙せざるを得ない状況にある

レベッカ、ホメロの妻

ホメロは蝶のために戦うことで、森のためにも闘ったのです。ホメロは人々が森林を違法伐採するのを止めました

※　ホメロ・ゴメス・ゴンザレス（1969年？-2020年）は、オオカバマダラ保護区の保存に献身的に取り組んでいたメキシコの環境活動家。

それぞれのレンガを、多様な生物の種と見立てた壊れやすい家のイメージがこれだ

人間の消費行動やエコシステムなどが、家の構造全てに繋がっている

人間のせいで種が失われれば、それはすなわち、レンガが崩れていくということだ

たくさんレンガが崩れれば、建物全体が倒壊して、我々人間を生き埋めにする恐れがある

我々人間は毎秒 10 トン以上のプラスチックを生産し、毎分 100 万本のペットボトルを販売している

Chap.9

世界のゴミ

この場所は楽園だった
かもしれない

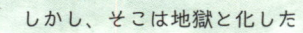

しかし、そこは地獄と化した

――インドネシア、
レコック

我々人間の自傷行為を証明するために、
地球上で一箇所だけ場所を選ぶとしたら、
私はこの場所を選ぶ

レース・フォー・ウォーター財団の**アナベル・プーディノ**

このゴミは内陸部から来ていて、川の流れにのって、海に沢山のゴミが流れ着いているの

川の水がこれらのプラスチックゴミを運んで、ゆっくり、ゴミの分解プロセスが始まるの

この下に水が？

プラスチック包装はマイクロ粒子、さらにはナノ粒子へと変化し、それは食物連鎖全体に影響を及ぼしているわ

POUIC!
POUIC!

一旦ゴミが出されてしまえば、それを無かったことにはできない。
我々人間は今後何世紀にもわたって、ゴミの被害をただ観察し、分析する他ない。
その間、被害を最小限に抑えることが急務だ！

世界中で毎秒 250 キロのプラスチック
が海に流れ込んでいる

POUBELLE WORLD ※

米国と日本の間に浮かぶ世界最大の
廃棄物の塊は、フランス国土の 3 倍
に相当する 160 平方キロメートルに
及ぶ

※　世界のゴミ箱

オーストラリア国立科学庁
によれば、2050 年までに海鳥の 99% が
プラスチックを摂取することになるという

一方、WWF の科学者が行った
分析では、地中海で検査を受けた
ナガスクジラの皮膚と肉の 100%
にフタル酸エステル類が含まれて
いたことが判明した

我々人間は皆、気づかぬうちに毎週プラス
チックの粒子を摂取しているということだ

フタル酸エステルは、プラスチックの製造、
特に柔軟性を向上させるために使用される
化合物である

プラスチックが海の中で
微粒子に分解されるなんて
すごいな

肉眼では見えない
フタル酸エステルは、
クジラや人間を含む
食物連鎖全体に
悪影響を及ぼす

どうぞ！

私は廃棄物の一部がマレーシア、バングラデシュ、さらに、インドネシアに売られていくのを見たことがあるが、しばしば廃棄物は自然に海に行き着く

ガーナ。アグボグブロシーはアクラ郊外にあるスラム街で、ヨーロッパ人は決して訪れることのない場所だ

映画『マッドマックス』の中に入り込んでしまったような気分だ

マフィアが一帯を支配している

いくつかの環境団体は、アグボグブロシーが欧州で耐用年数を過ぎた電子機器のゴミ捨て場※になっていると指摘している

※ 原注：欧州の法律では電子廃棄物を発展途上国に輸出することを禁じており、欧州内で処理することになっている。しかし実際には、フランス国内で合法に処理される電子廃棄物はたった50%にすぎず、残りは発展途上国に輸出されている。

道端のゴミ、団地建設のために伐採される木々、通勤途中の排ガス、黒煙を吐き出す近くの工場などは、日常生活の中で、環境問題として身近な問題だ。

　対して、北極は非常に遠く離れているように思えるかもしれないが、我々の日常生活に与えるインパクトは非常に大きい。

Chap.10

北極

北極圏スヴァールバル諸島。
ここでは北極温暖化増幅に
より、気温が世界の他の地域
の２倍の速さで上昇している

気候が暖かくなると、氷と流氷が溶けて後退し、岩が現れる…

海は暗く、
太陽放射の5〜10%しか
反射しないのに対し、
氷は60%、雪は最大90%
反射する

氷や雪の熱吸収は
氷河の融解を促し、
流氷を溶かす悪循環に
陥っている

氷河は、大きさや特徴に応じて主に4つのタイプがある

山岳氷河など

山岳氷河、谷氷河、圏谷氷河、
流出氷河（氷河の先端が海に
達するもの）があり、その
規模は比較的小さい。
代表例として、フランスのモンブラン
にあるメール・ド・グラース氷河、
アルジェンティエール氷河が挙げられる

氷　原

相互に連結した谷間の氷河が広がる
広大な地域のこと。代表例として、
パタゴニア、ヒマラヤ山脈、アメリ
カのロッキー山脈、スヴァールバル
諸島が挙げられる

氷帽（ひょうぼう）

陸地を覆う巨大な氷河の塊のこと。
代表例としてアイスランドの
ヴァトナヨークトルが挙げられ、
その面積は 8300 平方キロ
メートルで、フランス・コルシカ島
の面積に匹敵する

氷床（ひょうしょう）（または極冠（きょっかん））

何万平方キロメートルにも広がり、
場所によっては厚さ数千メートル
にもなる。
氷床は太陽の光を反射し、
地球の気温を下げて調整する
（アルベド効果）。
地球上にはグリーンランドと
南極大陸の 2 箇所しかない

目の前に、見渡す限り、ノルデンショルド氷河が広がっている

ただ、ここは安全な氷河ではない

巨大な深い割れ目に引き裂かれ、砕け、

巨大な氷塊（ひょうかい）が海に落ちる

ほぼ毎分、氷塊が崩れ落ちる轟音（ごうおん）が響き、地面が揺れる

この現象を"カービング"もしくは"氷河の分離"という

氷河の減少によって、北西航路という新たな貿易ルートも開かれようとしている。残っている氷床を弱め、鯨類（げいるい）に悪影響を与えるだけでなく、コンテナ船や石油タンカーがこの狭い通路を通ることは、難破（なんぱ）の大きなリスクを伴う。北極圏で油膜（ゆまく）が発生すれば、その浄化は不可能であり、大惨事となるだろう

2019 年、科学者たちはカナダの北極諸島の永久凍土※が溶け始めていることを発見した。永久凍土が溶ければ、何千年も凍結していた有機物が分解し、CO_2 やメタンが放出される。そうして天文学的な量の温室効果ガスが大気中に放出され、気候変動を加速させ、激化させることになる。科学者たちは、北半球の土壌にある永久凍土は、工業化時代以降に人類が排出した以上の炭素を貯蔵していると推定している

野生動物の絶滅の危機

※　原注：永久に凍った地面のこと。カナダ、ロシア、グリーンランド、北欧諸国のかなりの部分を覆っており、場所によっては厚さが数百メートルに達することもある。

私たちが土地を耕す
方法は、ここ数十年で
根本的に変わった

技術の進歩は往々にして有益な
ものだが、抑制の効かないグローバ
リゼーションと目先の利益追求に
利用され、農家よりも製造業者に
はるかに利益をもたらし、生態系
を恒久的に破壊している

Chap.11

地球が疲弊している

農業が登場したのは紀元前 1 万年頃の新石器革命の頃であり、これは進化のスケールから見るとかなり最近のことである。20 万年以上もの間、我々は各地を移動しながら狩猟や採集を行う民族だった

第一次世界大戦後、農業の
モータリゼーション、とりわけ
1950年代のトラクターの台頭
によって、すべてが変わった

申し訳ないけど、
お前たちはもう
用無しなんだ

この小さなトラクター
は、牛10頭に匹敵する
パワーで、20本のアーム
によって土を耕してくれる、
疲れることがない驚きの
商品なんです！

1946年には10人の農業従事者が55人に
食事を提供していたが、1975年には
260人に提供できるようになった。
機械化によって多くの農民が姿を消し、
都市への大規模な人口流出が発生した

信じてください。
農薬は大きなリターン
を生み出すんです

農業は根本的に
変わった

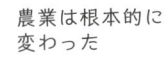

言った通り
でしょう？

時代の変化を
止めることは
できない！

数十年も経つと、田舎の田園風景は一変した

さぁ、仕事にとりかかろう！

土地の集約化によって垣根が廃止され、耕作しやすい区画が作られるようになった

見てください。綺麗になったでしょう？

そして、グローバル化と過度な機械化で、全てが悪い方向に向かっている

農薬や合成肥料の消費量は爆発的に増加している

おかしいな。鳥の声が聞こえない。これって普通じゃないよな？

我々人間は、自分自身と隣人のために生産する自給自足農業から、工業的で貿易的な農業に決定的に移行しつつある

大丈夫だよ。トラクターには、ステレオがあるし

もはや必要なものを栽培するのではなく、最も収益性の高いものを栽培するように、それぞれの国が特定の作物の生産に特化している。フランスでは主に穀物、肉、牛乳を生産し、大規模に輸出し、他の作物はその犠牲になっている

果物や野菜はフランス産じゃないのですか？

フランス産なんてほとんどないさ

トマトはスペイン産で

キュウリとズッキーニはモロッコ産

ぶどうと梨は南アフリカ産

キウイはニュージーランド産さ…

カミーユ・ドリオー：
フードウォッチ
キャンペーン
マネージャー

毎日の食生活に欠かせないにもかかわらず、フランスは農業に投資してこなかった。その結果、僕らが食べる野菜や果物の半分は輸入に頼ってるんだよ

フランス産の生食用ブドウ80年代以降75%減

フランス産洋梨40年で70%減

フランス産ズッキーニ2000年代以降30%減

例えば、ピクルスの98%はインド産なんです。というのも、シンプルにインドでは労働力が安く、環境基準が緩いからなんです

ディジョンマスタードですら、フランス産の種では作られなくなったんですよ！

CORNICHONS EXTRA FIN
FROM INDIA

原材料のほとんどはカナダ産で、カナダでの収穫に問題があれば、たちまちフランスはマスタード不足に陥るんです

フランスの穀物への特化は、農地に壊滅的な影響を及ぼしていることを紹介する

以前は輪作（りんさく）が行われていてね

ジャン・ベルナール・ロジェ：
小麦生産者、闘う農業活動家

輪作することで土地を再生することができていたんだ

それに加えて、土壌を豊かにし、牧草地で草を喰む（は）家畜のエサにするために、ウマゴヤシも植えていたんだよ

以前

ウマゴヤシ

小麦

家畜

現在

今日では、穀物以外の作物が栽培されていない地域もある

小麦のみ

1960 年以降、フランスの小麦生産量は 4 倍に増加したが、ウマゴヤシの栽培面積は 4 分の 1 になった

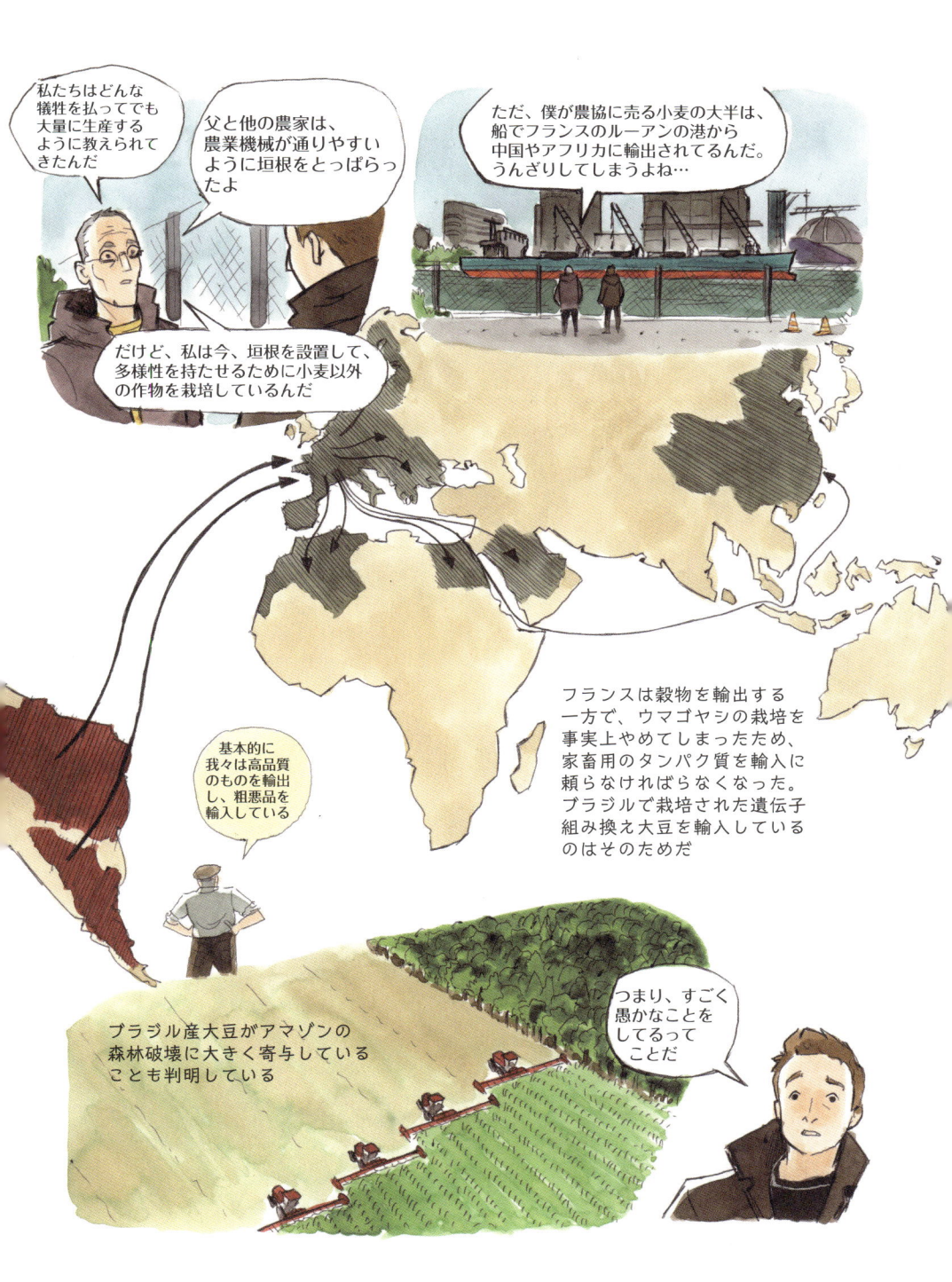

しかも、それだけではない

化学肥料の使用で、水が飲めなくなることもある

ここにかつて、ポンプで水を汲み上げていた集水場所がある

閉鎖の理由は主に小麦栽培によるものだ

硝酸塩（しょうさんえん）が強すぎて、自宅の水道水が飲めなくなったんだよ

このような事例は、フランスの5つの穀地帯で265箇所確認されている

一部の農業地帯は生物学的には、砂漠地帯と化している

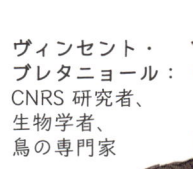

ヴィンセント・
ブレタニョール：
CNRS 研究者、
生物学者、
鳥の専門家

私の調査地域では、草原が
農薬だらけの穀倉地帯に
変わったことで、ヒバリの
個体数が 27 年間で 41％ も
減少したんだ

これは特にフランスのドゥー・セーヴル
県で顕著だ

昆虫を駆除する農薬が
鳥の食料資源を奪うため、
このような事態が起こって
いるんだ

しかも、生垣、
木立、池も無く
なってきて
いるんだ

目の前に広がる穀倉地帯は、
生物多様性が皆無の砂漠と
化している

この事実は、
私たちが考えるよりも
ずっと早く、我々
人間の生活を脅かす
だろうね

この収益競争がもたらす悪影響の例は数えきれないほどある

水不足の真夏にトウモロコシ畑で
水やりを行うこと…
このトウモロコシは主に家畜の
飼料や工業用に使われる

養豚場の廃棄物から発生する
人間と動物に有害な緑藻。
この緑藻が、フランスの
ブルターニュ地方の海岸を
汚染している

農薬の使用による農家や地域住民の
発がんリスク

窒素肥料の大量使用、過耕作、
生垣の消滅は、浸食を加速させ、
土壌の生物多様性を破壊し、
最終的に土壌の肥沃度を低下
させている

しかし、その責任は農家だけにあるわけではない

農業を集約化に向かわせたのは、政治の決定と消費者の選択なのだ

つまり、より環境に優しい農家を支援するかどうかは我々の選択にかかっているのだ

樹木と作物を混植するアグロフォレストリーも発展しつつある。また、農薬や化学合成肥料を使用しない有機農業は、今や消費者に周知されていて、彼らの農産物を購入することで、こうした農家を支援することができる

地方自治体も変化をもたらすことができる！

フランスのアルプ・マリティーム県のムアン・サルトゥー市の例を見てみよう

人口1万人のこの町では、すべての学校の食堂で100% オーガニックのメニューを提供している

果物や野菜はすべて自治体の職員が管理する広大な市営菜園で栽培されている。サラダ、トマト、キュウリ、ニンジン、カリフラワーは朝に収穫され、そのまま昼時に提供される

すべてを自家生産し、半分をベジタリアン食として提供することで、自治体はオーガニックへの移行のために追加の予算を投じる必要はなかった

子どもたちは健康的で、新鮮で、地元産で、自然を尊重するオーガニック・メニューが大好きだ。ムアン・サルトゥー市の事例は我々に大きな気づきを与えてくれるはずだ

コロナ禍でステイホーム
していた頃、我々人間は、
コロナ後に方針を変えて
より良くなっていく世界を
夢見ていた。

Chap.12

希望を持ち続けるために

現在、経済的な理由で森林、海洋、野生生物を破壊することは批判をよび、反対運動が起きている

NE TOUCHEZ PAS À LA FORÊT

血生臭い伝統が疑問視されているが、その対応は十分なものだろうか？

向かってこい！

時々、周りを見回し、気候変動が加速し、動物が虐待されるのをなすすべもなく見ていると私の楽観主義は揺らぐ

時間は刻々と過ぎています。我々は命をかけて闘い、敗北している

我々の地球は、この気候変動を元に戻せないほどの転換点に急速に近づいているのです

我々はアクセルを踏んだまま、気候変動地獄へ向かう高速道路を突っ走っているようなものなのです

科学者や国連事務総長のアントニオ・グテーレスのような人物の警告にもかかわらず、フランスを含むほとんどの国連加盟国は頑なに自国の致命的なモデルに固執している

António Guterres
Secrétaire général
de l'ONU

2022 年の
COP27 にて

全会一致で、これに対して何もしないことを決定します

理解できない。この状況を前に無力感しかないのは私だけだろうか？

ただ、そんなふうに諦めそうになることがあっても、彼らのことを想うと力が湧いてくる

ジュラ山脈でオオヤマネコを保護するジルとロレーヌ

イルカのために闘うラミヤとシーシェパードの活動家たち

ジョン、エミリー、レミ、そして石炭産業を揺るがしている何千人ものオーストラリアの人々

森林保全のため森林を買い占めるフランスの人々

ただ、言うは易く
行うは難しだ

例えば、肉、魚、動物性食品の
消費を大幅に減らす

地元産、旬のもの、
できればオーガニックの
食材を購入しよう

美味しそ
うだなぁ！

無農薬

使い捨てのものを
無くそう

飛行機での移動を出来るだけ減らし、
近場や電車でアクセスできる場所の
素晴らしさを再発見しよう

電子機器、PC、
携帯電話が壊れたら
修理しよう

まだ
使えるよ！！

出来るだけ公共交通機関や
サイクリングなどのソフト
モビリティを利用し、二酸化炭素
排出量を削減しよう

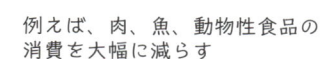

新品の服を買う量を
減らそう

私のサイズ
にぴったり
だ！

動物を搾取する活動を
避けよう

仕事において責任ある立場にある場合は、
あらゆる決定を下す際に環境に配慮しよう

我々の選挙で選ばれた議員や政府に対し、
野心的なエコロジー政策を求めよう。
無策であったり、中途半端な政策しか
提案しない政治家には投票しない
ようにしよう

オーナーが考えを変えた
って！ショッピングセン
ターの建設を辞めて、
このかわいらしい蛙のいる
池を保護するんだって

自然や動物のために寄付したり、
時間を使ったりして、自然や動物の
ために闘う団体の活動に参加しよう

これらの例は
網羅的とは程遠く、
ほんの数例です。また、
これら全てを一度に実行
することは難しい

私自身、非の打ちどころ
がないわけではないし、
自分で決めたルールを
破ることもある

重要なのは継続すること
だ。勝利は確実ではないが、
個人と集団の団結力があれ
ば、勝利が導かれるはずだ

我々人間は皆、環境に
影響を与えている。
それを恥じるのではなく、
出来る限り減らす努力を
するべきだ

物語に巧みに命を吹き込んでくれたヴィンセント・ラヴァレックや、素晴らしい創造性と気品のある絵で私の冒険に命を吹き込んでくれたドミニク・メルモーと一緒にこの本に携わることができたのは、本当に幸運だったと実感している。長年の取材と調査が、このように正確な形で日の目を見ることができ、感謝している。

編集者のダミアン・ベルジュレと、ファヤール社のCEOであるイザベル・サポルタに心から感謝する。彼らは私を信頼し、連日、私の取材に同行し、このプロジェクトに多大な時間とエネルギーを費やしてくれた。また、このグラフィック・ノベルを校正し、調整を提案してくれたファヤール社とウィンター・プロダクションの全チーム、特にクララ・ド・ボジョン、レジー・ラマン・ナ・ロダ、ピエール・グランジに感謝する。

アレクサンドラ・ローゼンフェルドに感謝する。彼女は私が愛する女性であり、私たちの娘、エヴァとジムの母親でもある。

今も世界のために果敢に闘い、フランスはじめ世界中で時間を割いて、私たちを歓迎してくれたすべての人々に感謝する。

最後に、親愛なる読者の皆さんの長年にわたる忠誠心、絶え間ない力強いサポート、そして私たちの決して失われることのない非常に強い絆に感謝する。

訳者解説

内容について

本書の原題は、『Le théorème du Vaquita（ヴァキータの定理）』であり、南米で絶滅の危機に瀕しているヴァキータ（コガシラネズミイルカ）を取り巻く環境を起点として、見世物としての動物、娯楽や儀式としての狩猟、集約畜産の実態、人間の食料安全保障をも脅かす乱獲、ゴミ問題、人間の動物に対する歪んだ優越感などを取り上げている。

普段、少し厄介で煙たい印象のある環境問題について、著者が実際に現場に出向き、そこで何が起こっているのか、なぜ真面目に向き合う必要があるのかといったことを、私たちが普段食べている肉や魚などを例に挙げつつ、イラストによって視覚的にわかりやすく教えてくれる。

作中で取り上げられている、フランスの人類学者パスカルの「考える動物は人間だけではない。しかし、自分が動物ではないと考えるのは人間だけだ」という言葉が強く印象に残った。

作者について

作者のユーゴ・クレマン氏は 1989 年フランス生まれのジャーナリストで、パリ政治学院で政治学を学んだあとフランスの公共放送局である France2 に入社し、2015 年のシャルリー・エブド襲撃事件の報道などでキャリアを積んだ。政治風刺番組のテレビ司会者など様々なメディアへの出演を経て、現在は気候変動、生物多様性、プラスチック汚染などをテーマに環境活動家としても活躍している。

その舞台は主にテレビをはじめとしたメディアや SNS で、インスタグラムのフォロワーは 148 万人（2024 年 11 月現在）と、絶大な影響力を誇る。本作についても、フランスのテレビ番組やラジオ等で取り上げられるな

ど、注目を集めている。

作者はラジオ・フランスのインタビューの中で、原題の『Le théorème du Vaquita』は、コガシラネズミイルカ等の絶滅危惧種を含めた生物の種を家のレンガと捉え、人間もそこに住んでおり、お互いに支え合って生きていることを比喩的に表現したものだと説明している。また、別のインタビューでは、自然の外面的な美しさとその内側で起こっている環境問題の悲惨さのコントラストに衝撃を受けているとも答えている。

私たちの便利で豊かな生活も、私たちがあえて見ないようにしている誰かの犠牲の上に成り立ってはいないだろうか？

例えば、本書でも触れられる通り、環境問題の影響を大きく受けるのは、最も脆弱な生活環境にある途上国に住む人々だ。もし、自分の家族が、水害が起こる地域の急斜面にビニールシートと細い木の棒で作った粗末な家に住んでいたらどうだろう？　干ばつで地面がひび割れた、水道もない地域で、藁でできた家で子どもを育てることはできるだろうか？　これらのイメージは、私が実際にバングラデシュやエチオピアでの仕事を通じて出会った現実だ。

世界には、時に私たちの想像にも及ばない過酷な状況が溢れている。本書がそうした現実について少しでも考えるきっかけになり、誰か一人でもそういった問題に思いを馳せたり、考え始めたりすることで、何か変化を生むことはできると思う。

綺麗事に向き合ってみる

私事にはなるが、本書の翻訳中、36 歳で初めての妊娠が発覚した。それまでの私は一生独身のつもりで、子どもを持つなんて考えたこともなかった。一人で生きていくものだという気持ちで、運よくバングラデシュ、フランス、エチオピア、イギリスで働く機会を頂いた。そんななかで、思いがけずご縁があり、お腹の子どもを授かった。

身重の不安だらけの毎日の中で、自分を取り巻くあらゆる世界に対する見

方が徐々に変わっていくことを実感した。なかでも、環境問題への視点は子どもを授かる前と後では大きく変わった。一言で言えば、遠くにあると感じていた環境問題が、身近で怖いものになった。この子が生きる未来の環境をより良くするためにはどうすればいいのか。そんな綺麗事のような問いに真面目に向き合うようになった。

正直なところ、以前は「デザインが可愛いから」という理由でエコバッグを買ったし、「経済的だから」マイボトルを買っていた。恥ずかしい限りだが、環境問題について考えてみたところで、あまりに壮大すぎ自分自身の微力な力ではどうにもならないと思っていた。

本書は、そんな私の背中を押してくれるきっかけともなった。「自分のできる範囲で、できることから」と考えられるようになり、自転車や電車を使うよう心がけるようになったり、野菜を意識的に食べたりするようになった。こうした生活は私自身に合っていたようで、体調が良くなったし、機嫌も良くなった。自分の物差しで環境問題に取り組めたような気がして、嬉しい体験だった。読者の皆様にとっても、本書が環境問題を考える前向きなきっかけになれば、訳者としてこれほど嬉しいことはない。

最後に

最後に、海外漫画の大ファンである一人として、この作品を通じて日本の海外漫画ファンが増えることを願ってやまない。本作のような新しい世界を示してくれる良質な海外漫画は、花伝社をはじめいくつかの出版社で近年少しずつ刊行されるようになってきた。ご興味があれば、ぜひ手に取って頂ければ、これまた嬉しいことはない。

そして、最後の最後に、いつも明るく優しく私を励ましてくれる夫のSimone、私たちのもとに来てくれた赤ちゃん、日本とイタリアにいる家族や友人、これまで仕事やプライベートで関わりのあった沢山の素敵な方々、そして、海外漫画の翻訳の機会を下さり多大なるサポートをしてくださった花伝社の大澤様、松川様、そして、今、本著を手にとってくださっている読者

の皆様に心から感謝致します。貴重な機会をくださって本当にありがとうご
ざいました。

2024 年 11 月　冨山真鶴

作　ユーゴ・クレマン

ジャーナリスト、環境活動家。ドキュメンタリーシリーズ『Sur le Front』（France Télévisions）の制作・司会を務め、調査メディア『Vakita』を立ち上げた。著書に『Les Lapins ne mangent pas de carottes』（2022 年、Fayard）、『Journal de guerre écologique』（2020 年、Fayard）、『Comment j'ai arrêté de manger les animaux』（2019 年、Seuil）などがある。

絵　ドミニク・メルモー

漫画家。著書に『Par la force des arbres』（2023 年）、『Entre les lignes』（2022 年）、『Les mille et une vies des urgences』（2017 年、以上 Rue de Sèvres）、『L'Appel』（2016 年、Glénat）などがある。

構成　ヴィンセント・ラヴァレック

作家、脚本家、監督・プロデューサー。著書『Cantique de la racaille』（1994 年）でフランスの文学賞であるフロール賞をはじめ数々の文学賞を受賞。その他の著書に『Mémoires intimes d'un pauvre vieux essayant de survivre en milieu hostile』（2023 年、Fayard）、『Sainte-Croix-des-Vaches』三部作（2018 年〜 2020 年、Fayard）。短編小説全集は Au Diable Vauvert より出版（2020 年）。

訳　冨山真鶴（とみやま・まづる）

1988 年、鹿児島県生まれ、和歌山県育ち。大阪大学大学院高等司法研究科で法律を学んだ後、ロンドン大学大学院開発学科を修了。専門調査員としてバングラデシュで 2 年勤務した後、フランスへ 1 年留学。その後エチオピアで草の根委嘱員としての勤務を経て、現在ロンドン在住。海外漫画が大好きで翻訳活動に意欲的。
X アカウント：@maz_in_BD

消えゆく動物たちが教えてくれたこと

2024 年 12 月 20 日　　初版第 1 刷発行

作者 ——— ユーゴ・クレマン／ドミニク・メルモー／ヴィンセント・ラヴァレック
訳者 ——— 冨山真鶴
発行者 ——— 平田　勝
発行 ——— 花伝社
発売 ——— 共栄書房
〒 101-0065　　東京都千代田区西神田 2-5-11 出版輸送ビル 2F
電話　　　　03-3263-3813
FAX　　　　03-3239-8272
E-mail　　　info@kadensha.net
URL　　　　https://www.kadensha.net
振替　　　　00140-6-59661
装幀 ——— 北田雄一郎
印刷・製本 ——— 中央精版印刷株式会社

ISBN978-4-7634-2149-4　C0098

北極で、なにがおきてるの？
──気候変動をめぐるタラ号の科学探検

ルーシー・ルモワン　作
シルバン・ドランジュ　絵
パトゥイエ由美子／小澤友紀　訳
定価（本体1500円＋税）

●地球をこれ以上破壊させてたまるもんか！
──私たちに今、できることは？

地球温暖化が海洋におよぼす影響を調査する、帆船・タラ号。
世界中から集まった子どもたち──ビリー、ムーサ、ジョセ
フィン、バディムは、探検家として船に乗り込み、北極に
向けて出発する。気候変動が変えてしまった海で、4人が
見たものとは。

わたしが「軽さ」を取り戻すまで
——"シャルリ・エブド"を生き残って

カトリーヌ・ムリス　作
大西愛子　訳
定価（本体 1800 円＋税）

●あの日を境に、私は「軽さ」を失った——
シャルリ・エブド襲撃事件生存者、喪失と回復の記録
2015 年 1 月 7 日、パリで発生したテロ事件により 12 人の
同僚を失うなか、ほんのわずかな偶然によって生き残った
カトリーヌ。
深い喪失感に苛まれながらも、美に触れることによって、
彼女は自分を、その軽やかさを少しずつ取り戻す。